AF614325

ISBN 978-3-662-23913-1 ISBN 978-3-662-26025-8 (eBook)
DOI 10.1007/978-3-662-26025-8

Die in den Sitzungsberichten Abt. I und Abt. II der math.-nat. Klasse der Österr. Akad. d. Wiss. erscheinenden Abhandlungen werden auch einzeln abgegeben. Sie können durch jede Buchhandlung oder direkt durch die Auslieferungsstelle der Österreichischen Akademie der Wissenschaften (Wien I, Singerstraße 12) bezogen werden.

Nachfolgende Abhandlungen aus dem Fach **Physik** sind erschienen:

1950 (1950) (S II a, Bd. 159):

Blau Marietta: Bericht über die Entdeckung der durch kosmische Strahlung erzeugten „Sterne" in photographischen Emulsionen, 4 Seiten. S 4.—

Danninger R. und Sirk H.: Theorie des in einer magnetisch abgelenkten Glimmentladung auftretenden Druckgefälles, 4 Seiten. S 3.40

Feuchtinger K.: Ableitung des zweiten Hauptsatzes für reversible Prozesse (mit 2 Abbildungen). S 3.40

Glaser W.: Zur wellenmechanischen Theorie der elektronenoptischen Abbildung (mit 2 Abbildungen), 63 Seiten. S 58.—

Haupt H.: Über Phasenkoeffizienten und Albedo der kleinen Planeten Ceres, Pallas, Juno und Vesta, 20 Seiten. S 21.60

Hess V. F: Persönliche Erinnerungen aus dem ersten Jahrzehnt des Instituts für Radiumforschung, 3 Seiten. S 4.—

Hevesy G. v.: Erinnerungen an die alten Tage am Wiener Institut für Radiumforschung, 2 Seiten. S 4.—

Meyer St.: Die Vorgeschichte der Gründung und das erste Jahrzehnt des Institutes für Radiumforschung, 26 Seiten. S 4.—

Paneth F. A.: Aus der Frühzeit des Wiener Radiuminstituts. Die Darstellung des Wismutwasserstoffs, 3 Seiten. S 4.—

Przibram K.: 1920 bis 1938, 7 Seiten. S 4.—

Rieder W.: Der Szilard-Chalmers-Effekt mit langsamen und schnellen Neutronen mit 5 Abbildungen), MIR Nr. 462, 14 Seiten. S 13.—

Wieninger L. und Adler N.: Über die Verfärbung von nat. Steinsalzkristallen durch Bestrahlung mit α-Teilchen von Ra*F* (mit 7 Abbildungen), MIR Nr. 472, 12 Seiten. S 13.80

Wieninger L.: Über die Bestrahlung natürlicher, gefärbter Steinsalzkristalle mit α-Teilchen von Ra*F* (mit 7 Abbildungen), MIR Nr. 466, 15 Seiten. S 15.—

Wieninger L. und Adler N.: Über den Einfluß der Erwärmung auf das Absorptionsspektrum des mit Ra*F*-x-Strahlen verfärbten Steinsalzes (mit 7 Abbildungen), MIR Nr. 467, 11 Seiten. S 9.60

Wieninger L.: Über die Verfärbung von gepreßten Steinsalzkristallen durch Bestrahlung mit α-Teilchen von Ra*F* (mit 5 Abbildungen), 12 Seiten. S 9.60

1951 (S II a, Bd. 160):

Bernert Traude: Radiumbestimmungen an Tiefseesedimenten (mit 3 Abbildungen), MIR Nr. 483, 12 Seiten. S 6.30

Böhm W.: Kolloide und Farbzentren in additiv verfärbtem Steinsalz (mit 5 Abbildungen), 18 Seiten. S 8.—

Brukl A., Hernegger F. und Hilbert Hermine: Zur Kenntnis neuer in der Natur vorkommender α-Strahler (mit 9 Abbildungen), MIR Nr. 482, 17 Seiten. S 5.50

Mayerl Margarete: Bestimmungen der optischen Konstanten des Calciums und Anwendung der Mieschen Theorie auf die Verfärbung des Flußspates (mit 5 Abbildungen), 7 Seiten. S 3.50

Wieninger L.: Ein Beitrag zur Klärung der Frage nach Wesen und Ursprung der Violett- bzw. Blaufärbung natürlicher Steinsalzkristalle (mit 13 Abbildungen) MIR Nr. 474, 33 Seiten. S 10.50

1952 (S II a, Bd. 161):

Begemann F. und Houtermans F. G.: Herstellung einer Radium-D-E-F-Standard-Lösung, MIR Nr. 492, 4 Seiten. S 3.40

Brandstaetter F.: Bemerkungen über H. Maches Methode zur Bestimmung des Diffusionskoeffizienten von Luft in Wasser (mit 4 Abbildungen), 23 Seiten. S 13.—

Hawliczek F.: Eine stabilisierte Kaskadenhochspannung für den Betrieb von Geiger-Müller-Zählrohren (mit 10 Abbildungen) MIR Nr. 485, 8 Seiten. S 9.—

Die Weizsäcker-Williams-Methode für Teilchen mit ausgedehnter Ladung

Von

K. Logar und **P. Urban**

Institut für Theoretische Physik der Universität Graz

(Vorgelegt in der Sitzung am 25. Oktober 1962)

Für die Berechnung der Bremsstrahlung eines Elektrons in einem Feld wurde bisher immer die Bethe-Heitler-Formel als zuständig betrachtet. Dieselbe stellt das Resultat der alten Störungsrechnung in erster Näherung dar, wobei punktförmige Teilchen zugrunde gelegt wurden. Die in letzter Zeit durchgeführten Experimente mit hohen Energien ergaben Hinweise auf das Vorhandensein einer sogenannten Struktur, das heißt auf Teilchen mit endlicher, wenn auch kleiner Ausdehnung. Für die Berechnung der Bremsstrahlung von Teilchen mit Struktur wird, da andere Rechenmethoden versagen, auf ein Verfahren von E. Fermi [1] zurückgegriffen, welches die Berechnung der Bremsstrahlung strukturbehafteter Teilchen erlaubt. Der Grundgedanke dieses Verfahrens ist folgender:

„Wenn ein elektrisch geladenes Teilchen in der Nähe eines Punktes vorüberfliegt, entsteht in diesem Punkte ein veränderliches elektrisches Feld. Wenn wir nun dieses elektrische Feld durch ein Fouriersches Integral in harmonische Komponenten zerlegen, so sehen wir, daß es gleich dem Felde ist, das in dem Punkte sein würde, wenn er mit Licht von einer passenden kontinuierlichen Frequenzverteilung belichtet würde. Denken wir jetzt, daß ein Atom sich in diesem Punkte befinde: dann liegt es ziemlich nahe anzunehmen, daß das elektrische Feld eines geladenen Teilchens an dem Atom dieselben Anregungs- und Ionisierungserscheinungen verursacht, wie das elektrische Feld des äquivalenten Lichtes.“

Dieses Verfahren wurde dann von C. F. v. Weizsäcker [2] und E. J. Williams [3] für punktförmige Teilchen weiter ausgebaut. Das dem bewegten Feld des Teilchens äquivalente Licht wird in Photonen bestimmter Frequenzen, also bestimmter Energie zerlegt. Die elektromagnetische Wechselwirkung dieses schnellen Teilchens mit einem anderen geladenen Teilchen, von dem wir annehmen, daß es ruht, ist dann gleich der Wechselwirkung der „virtuellen Photonen“ mit dem ruhenden Teilchen. Es wird eines der Photonen $\mathfrak{k}$ am ruhenden Teilchen gestreut und ergibt ein Photon $\mathfrak{k}'$. Das ruhende Teilchen erhält einen Rückstoß $\mathfrak{k} - \mathfrak{k}'$. Der Prozeß erscheint als Bremsstrahlung $\mathfrak{k}'$, welche beim Zusammenstoß emittiert wird, wobei das schnelle Teilchen die Energie $\mathfrak{k}$ verliert. Der Wirkungsquerschnitt ist gleich dem Wirkungsquerschnitt für die Streuung (Comptonstreuung) multipliziert mit der Anzahl $q_{(k)}$ der virtuellen Photonen.

Nach Heitler [4] trägt dieses Verfahren den Namen „Weizsäcker-Williams-Methode“ und ist an folgende Bedingungen geknüpft:

1. Die Geschwindigkeit v des bewegten Teilchens muß nahe der Lichtgeschwindigkeit c sein, damit die Ersetzung durch Lichtwellen möglich ist. Das hat zur Folge, daß die Energie des bewegten Elektrons, gegenüber seiner Masse, groß sein muß.

2. Die Bahn des bewegten Teilchens muß während des ganzen Prozesses praktisch eine Gerade sein, da die Feldstärken unter Bedachtnahme einer geradlinigen Bahn in der z-Richtung berechnet werden. Diese Forderung bedingt, daß die Photonenenergie klein im Vergleich zur Energie des einlaufenden Teilchens ist. Diese zweite Bedingung kann man aber umgehen, indem man in ein entgegengesetztes Lorentzsystem geht, in welchem das einlaufende Elektron zur Ruhe transformiert wird und das Feld des ursprünglich ruhenden Teilchens sich bewegt. In diesem Lorentzsystem ist die Bedingung der kleinen Photonenenergie, gegenüber der Energie des ursprünglich schnellen einlaufenden Teilchens, sicher erfüllt.

Die Bedingungen für die Anwendung der Weizsäcker-Williams-Methode sind also:

$$\frac{E}{M c^2} \equiv \gamma \gg 1, \quad \mathfrak{k} \ll E \tag{1}$$

M = Masse des schnellen Teilchens
E = Energie des schnellen Teilchens.

Das Feld der bewegten Ladung wird berechnet. Dazu werden die retardierten Potentiale am Ort des ruhenden Teilchens ermittelt, daraus wiederum die Feldstärken $\mathfrak{E}$ und $\mathfrak{H}$ berechnet, welche dann anschließend in Fourierkomponenten zerlegt werden. Schließlich bestimmen wir den Poyntingschen Vektor in der Bewegungsrichtung und daraus die Anzahl der äquivalenten Photonen. Durch Integration über die zur Bahn normalen Fläche berücksichtigen wir schließlich alle stoßenden Teilchen.

Für Punktladungen wurde diese Berechnung bereits von Weizsäcker [2] und Williams [3] sowie von Heitler [4] durchgeführt.

Der Zweck der vorliegenden Arbeit ist es nun, die Anzahl der virtuellen Photonen zu berechnen, jedoch mit dem Unterschied, daß an Stelle der idealisierten Punktladung eine, der Wirklichkeit eher entsprechende, ausgedehnte Ladungsverteilung für das bewegte Teilchen verwendet wird. Hier bot sich die Möglichkeit, für die Wechselwirkung zwischen den geladenen Teilchen ein Vachaspatipotential [5] — eine Mischung aus einem anziehenden Coulombpotential und einem abstoßenden Yukawapotential — zu verwenden. Dieses Vachaspatipotential entspricht wiederum einer ausgedehnten Ladungsverteilung, welche einer Struktur der Teilchen äquivalent ist.

Für eine ruhende Einheitsladung hat das Vachaspatipotential die Form:

$$\phi = \frac{e}{r}\,(1 - a_1 \cdot e^{-a_2 r}). \tag{2}$$

a_1 = Gewichtsanteil des Yukawapotentials
a_2 = Reziproke Reichweite des Yukawapotentials

Umgekehrt können wir für dieses Vachaspatipotential die Ladungsverteilung errechnen. Nach der Poissongleichung

$$\rho = -\frac{1}{4\pi}\,\Delta\,\phi$$

erhalten wir für die Ladungsdichte des Vachaspatipotentials:

$$\rho = -(a_1 - 1)\,\delta^3(\mathfrak{r}) + \frac{a_1 a_2^2}{4\pi r}\,e^{-a_2 r}. \tag{3}$$

$\delta^3(\mathfrak{r})$ ist die dreidimensionale Diracsche δ-Funktion.

Der nächste Schritt in unserer Methode ist, das Feld der bewegten Ladung zu berechnen. Dies geschieht in einfacher Weise durch eine Lorentztransformation. Die Bewegung erfolgt in der z-Richtung und die Indizes $\perp$ und $\parallel$ beziehen sich auf diese Achse. Der Stoßparameter $\mathfrak{b}$ ist der senkrechte Abstand von der z-Achse. Wir definieren einen Vektor $\mathfrak{r}$ zu:

$$\mathfrak{r}_\perp = \mathfrak{b} = \sqrt{x^2 + y^2} \qquad \mathfrak{r}_\parallel = z \qquad r = \sqrt{\mathfrak{r}_\perp{}^2 + \mathfrak{r}_\parallel{}^2}.$$

Transformation:

$$\mathfrak{r}_{0\perp} = \mathfrak{r}_\perp, \qquad \mathfrak{r}_{0\parallel} = \frac{1}{\sqrt{1-\beta^2}}(\mathfrak{r}_\parallel - v\,.\,t)$$

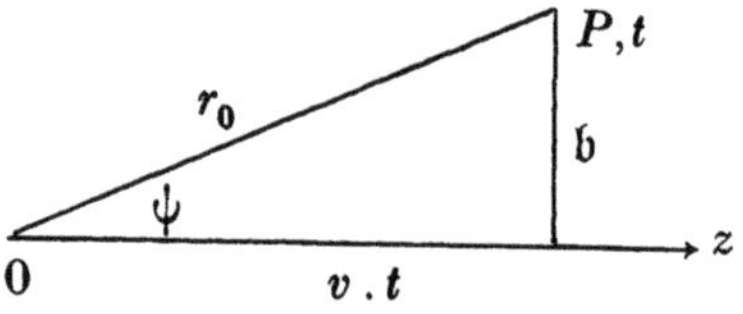

Daher ist, da $\mathfrak{r}_\perp = r_0 \,.\, \sin\psi$ und $\mathfrak{r}_\parallel - v\,.\,t = r_0 \cos\psi = z_0$ wird, der transformierte Abstand

$$\sqrt{\mathfrak{r}_{0\perp}{}^2 + \mathfrak{r}_{0\parallel}{}^2} = \frac{r_0}{\sqrt{1-\beta^2}}\sqrt{1-\beta^2 \sin^2\psi}.$$

Die Potentiale transformieren sich wie die Koordinaten.

Das Viererpotential

$$(\mathfrak{A}_x, \mathfrak{A}_y, \mathfrak{A}_z, i\,\phi) = (\Omega_1, \Omega_2, \Omega_3, \Omega_4) = (0, 0, 0, i\,\phi).$$

Transformation:

$$\Omega_1' = \Omega_1 = 0, \quad \Omega_2' = \Omega_2 = 0$$

$$\Omega_3' = \frac{1}{\sqrt{1-\beta^2}}(\Omega_3 + i\,\beta\,\Omega_4)$$

$$\Omega_4' = \frac{1}{\sqrt{1-\beta^2}}(\Omega_4 - i\,\beta\,\Omega_3)$$

oder allgemein in Vektorschreibweise

$$\mathfrak{A}' = \frac{\mathfrak{v}}{c\sqrt{1-\beta^2}}\,\phi \text{ und } \phi' = \frac{1}{\sqrt{1-\beta^2}}\,\phi.$$

Lassen wir die Striche an den transformierten Größen wieder weg, so erhalten wir für das mit der Geschwindigkeit $\mathfrak{v}$ bewegte Feld:

$$\left.\begin{aligned} \phi &= \frac{e}{r_0\sqrt{1-\beta^2\sin^2\psi}}\left(1 - a_1 \,.\, e^{-\frac{a_2}{\sqrt{1-\beta^2}} r_0 \sqrt{1-\beta^2\sin^2\psi}}\right) \\ \mathfrak{A} &= \frac{\mathfrak{v}}{c}\cdot\phi . \end{aligned}\right\} \quad (4)$$

Wir definieren $r_0 = \sqrt{x_0^2 + y_0^2 + z_0^2}$ bzw. $\mathfrak{r}_0 = \mathfrak{x}_0 + \mathfrak{y}_0 + \mathfrak{z}_0$ und

$$s \equiv r_0\sqrt{1-\beta^2\sin^2\psi} = \sqrt{(1-\beta^2)(x_0^2+y_0^2)+z_0^2} \quad (5)$$

und den Vektor $\mathfrak{r}_0 = \mathfrak{b} + \mathfrak{v}\,.\,t$.

Mit diesen Definitionen erhalten die Potentiale die Form:

$$\left.\begin{aligned} \phi &= \frac{e}{s}\left(1 - a_1 \,.\, e^{-\frac{a_2 s}{\sqrt{1-\beta^2}}}\right) \\ \mathfrak{A} &= \frac{\mathfrak{v}}{c}\,\phi \end{aligned}\right\} \quad (6)$$

Die elektrische und magnetische Feldstärke am Ort des ruhenden Teilchens wird berechnet. Es ist:

$$\mathfrak{E} = -\operatorname{grad}\phi - \frac{1}{c}\frac{\partial\mathfrak{A}}{\partial t}, \qquad \mathfrak{H} = \operatorname{rot}\mathfrak{A}.$$

Aus Gründen der besseren Übersicht wird das Potential in einen Coulomb- und einen Yukawaterm zerlegt:

$$\phi = \frac{e}{s} - \frac{e}{s}\,a_1\,e^{-\frac{a_2 s}{\sqrt{1-\beta^2}}}.$$

Mit der Definition (5) wird der Coulombanteil der elektrischen Feldstärke:

$$\frac{\mathfrak{E}_c}{e} = \frac{(1-\beta^2)}{s^3}\,\mathfrak{r}_0.$$

Für den Yukawaterm der elektrischen Feldstärke erhalten wir:

$$\frac{\mathfrak{E}_y}{e} = -\frac{a_1(1-\beta^2)}{s^3}\,\mathfrak{r}_0\,.\,e^{-\frac{a_2 s}{\sqrt{1-\beta^2}}}\left(\frac{a_2 s}{\sqrt{1-\beta^2}} + 1\right).$$

Die elektrische Feldstärke des mit der Geschwindigkeit $\mathfrak{v}$ bewegten Feldes ist somit:

$$\mathfrak{E} = \frac{e\,(1-\beta^2)\,\mathfrak{r}_0}{s^3}\left[1 - a_1\,.\,e^{-\frac{a_1 s}{\sqrt{1-\beta^2}}}\left(\frac{a_2\,s}{\sqrt{1-\beta^2}} + 1\right)\right]. \tag{7}$$

Analog erhalten wir die magnetische Feldstärke

$$\mathfrak{H} = \frac{e\,(1-\beta^2)\,[\mathfrak{v}, \mathfrak{r}_0]}{c\,s^3}\left[1 - a_1\,.\,e^{-\frac{a_1 s}{\sqrt{1-\beta^2}}}\left(\frac{a_2\,s}{\sqrt{1+\beta^2}} + 1\right)\right]. \tag{8}$$

Wir zerlegen nun $\mathfrak{E}$ und $\mathfrak{H}$ in Fourierkomponenten. Bekanntlich ist

$$\mathfrak{E}(t) = \int_0^\infty \mathfrak{E}(\nu)\begin{Bmatrix}\cos\nu t\\ \sin\nu t\end{Bmatrix} d\nu \quad \text{bzw.}\ \mathfrak{E}(\nu) = \frac{1}{\pi}\int_{-\infty}^{+\infty} \mathfrak{E}(t)\begin{Bmatrix}\cos\nu t\\ \sin\nu t\end{Bmatrix} dt \tag{9}$$

Mit der Definition (5) erhalten wir für die elektrische Feldstärke als Funktion der Zeit:

$$\mathfrak{E}(t) = \frac{e\,(1-\beta^2)\,(\mathfrak{b} + \mathfrak{v}\,t)}{\left(\sqrt{(1-\beta^2)\,(x_0^2 + y_0^2) + v^2 t^2}\right)^3}\Bigg[1 - \tag{10}$$

$$- a_1\,e^{-\frac{a_2\sqrt{(1-\beta^2)\,(x_0^2+y_0^2)+v^2 t^2}}{\sqrt{1-\beta^2}}}\left(\frac{a_2\sqrt{(1-\beta^2)\,(x_0^2 + y_0^2 + v^2 t^2}}{\sqrt{1-\beta^2}} + 1\right)\Bigg].$$

Berücksichtigen wir die bekannte Beziehung $[\mathfrak{v}, \mathfrak{r}_0] = [\mathfrak{v}, \mathfrak{b}]$ so erhalten wir für die magnetische Feldstärke als Funktion der Zeit:

$$\mathfrak{H}(t) = \frac{e\,(1-\beta^2)\,[\mathfrak{v}, \mathfrak{b}]}{c\left(\sqrt{(1-\beta^2)\,(x_0^2 + y_0^2) + v^2 t^2}\right)^3}\left[1 - a_1\,.\,e^{\cdot/\cdot}\,(\cdot/\cdot)\right]. \tag{11}$$

$\mathfrak{H}_{(t)}$ ist eine gerade Funktion von t, $\mathfrak{E}_{(t)}$ setzt sich aus einem geraden und einem ungeraden Anteil zusammen. Der fouriertransformierte gerade Anteil der elektrischen Feldstärke ist dann:

$$\mathfrak{E}_{(\nu)}^{\text{ger}} = \frac{e\,(1-\beta^2)}{\pi}\Bigg\{\int_{-\infty}^{+\infty}\frac{(\mathfrak{b} + \mathfrak{v}\,.\,t)\cos\nu t}{\left(\sqrt{(1-\beta^2)\,(x_0^2 + y_0^2) + v^2 t^2}\right)^3}\,dt - \tag{12}$$

$$- a_1\int_{-\infty}^{+\infty}\frac{(\mathfrak{b} + \mathfrak{v}\,.\,t)\cos\nu t}{\left(\sqrt{(1-\beta^2)\,(x_0^2 + y_0^2) + v^2 t^2}\right)^3}\,.\,e^{-\frac{a^2}{\sqrt{1-\beta^2}}\sqrt{(1-\beta^2)\,(x_0^2+y_0^2)+v^2 t^2}}\,.$$

$$\left(\frac{a_2}{\sqrt{1-\beta^2}}\sqrt{(1-\beta^2)\,(x_0^2 + y_0^2) + v^2 t^2} + 1\right)dt\Bigg\}.$$

Hier erweist sich wieder die Aufteilung in einen „Coulombterm" und einen „Yukawaterm" als zweckmäßig.

Der gerade Anteil des fouriertransformierten Coulombterms hat also die Form:

$$\overset{\text{ger}}{\mathfrak{E}}(\nu)_c = \frac{e(1-\beta^2)}{\pi} \int_{-\infty}^{+\infty} \frac{\mathfrak{b} + \mathfrak{v}\,.\,t)\cos\nu t}{(\sqrt{(1-\beta^2)(x_0{}^2+y_0{}^2)+v^2t^2})^3}\,dt$$

$$\text{und mit } \gamma \equiv \frac{1}{\sqrt{1-\beta^2}} \text{ und } b = \sqrt{x_0{}^2+y_0{}^2}$$

$$\overset{\text{ger}}{\mathfrak{E}}(\nu)_c = \frac{e}{\pi\gamma^2}\left\{\int_{-\infty}^{+\infty} \frac{\mathfrak{b}\,.\cos\nu t}{\left[v^2t^2+\frac{b^2}{\gamma^2}\right]^{3/2}}\,dt + \int_{-\infty}^{+\infty} \frac{\mathfrak{v}\,.\,t\,.\cos\nu t}{\left[v^2t^2+\frac{b^2}{\gamma^2}\right]^{3/2}}\,dt\right\}$$

Der Wert des zweiten Integrals ist null, da der Ausdruck $t\,.\cos\nu t$ ungerade ist und die Integration von $-\infty$ bis $+\infty$ daher null ergibt. Mit der Definition

$$\varkappa \equiv \frac{b}{v\gamma} \text{ ist } \overset{\text{ger}}{\mathfrak{E}}(\nu)_c = \frac{e\,\mathfrak{b}}{\pi\gamma^2 v^3\,\frac{b^3}{v^3\gamma^3}} \int_{-\infty}^{+\infty} \frac{\cos\nu t}{\left[\frac{t^2}{\varkappa^2}+1\right]^{3/2}}\,dt.$$

Es verbleibt uns die Berechnung von

$$J \equiv \int_{-\infty}^{+\infty} \frac{\cos\nu t}{\left[\frac{t^2}{\varkappa^2}+1\right]^{3/2}}\,dt. \qquad \text{Wir setzen } \frac{t}{\varkappa} = u$$

und differenzieren J nach ν:

$$-\frac{dJ}{d\nu} = \varkappa^2 \int_{-\infty}^{+\infty} \frac{u\sin(\nu\varkappa u)}{[u^2+1]^{3/2}}\,du.$$

Das verbleibende Integral wird partiell integriert. Ersetzen wir dabei die Winkelfunktion durch die e-Potenz, so ist:

$$-\frac{dJ}{d\nu} = \nu\varkappa^3 \int_{-\infty}^{+\infty} \frac{e^{i\nu\varkappa u}}{\sqrt{u^2+1}}\,du.$$

Wir setzen

$$R \equiv \int_{-\infty}^{+\infty} \frac{e^{i\nu\varkappa u}}{\sqrt{u^2+1}}\, d\,u \quad \text{und definieren} \quad u = \mathfrak{Sin}\, x = i\, sin\,(i\,x).$$

Damit erhalten wir:

$$R = \int_{-\infty}^{+\infty} e^{\nu\varkappa \sin(i x)}\, d\,x.$$

R ist bis auf einen Faktor die Integraldarstellung der Hankelfunktionen mit rein imaginären Argument. Siehe [6] und [7].

$$R = i\,\pi\, H_0^{(1)}(i\,z) \quad \text{wobei} \quad z \equiv \nu\varkappa \quad \text{ist.}$$

Wir erhalten daher

$$-\frac{d\,J}{d\,\nu} = \nu\varkappa^3\, i\,\pi\, H_0^{(1)}(i\,z) \quad \text{bzw.} \quad -\frac{d\,J}{d\,z} = i\,\pi\,\varkappa\, z\, H_0^{(1)}(i\,z)$$

integriert

$$J = -\,i\,\pi\,\varkappa \int z\, H_0^{(1)}(i\,z)\, d\,z.$$

Unter Benützung einer Rekursionsformel aus [6] wird

$$J = -\,\pi\,\varkappa\, z\, H_1^{(1)}(i\,z).$$

Der gerade Anteil des fouriertransformierten Coulombtermes hat also die Form:

$$\overset{\text{ger}}{\mathfrak{E}}(\nu)_c = -\frac{e\,\nu}{v^2\,\gamma}\,\frac{\mathfrak{b}}{b}\, H_1^{(1)}(i\,z) \quad \text{wobei} \quad z = \frac{b\,\nu}{v\,\gamma} \quad \text{ist.} \tag{13}$$

Analog bezeichnen wir mit

$$\overset{\text{ger}}{\mathfrak{E}}(\nu)_y = \frac{e\,(1-\beta^2)}{\pi}\, a_1 \int_{-\infty}^{+\infty} \frac{(\mathfrak{b} + \mathfrak{v}\,.\,\mathrm{t})\ \cos\nu t}{\left(\sqrt{(1-\beta^2)\,(x_0{}^2 + y_0{}^2) + v^2 t^2}\right)^3}\,\cdot$$

$$\cdot\, e^{-\frac{a_2}{\sqrt{1-\beta^2}}\sqrt{(1-\beta^2)(x_0{}^2+y_0{}^2)+v^2t^2}}\,.\left(\frac{a_2}{\sqrt{1-\beta^2}}\sqrt{(1-\beta^2)\,(x_0{}^2 + \beta y_0{}^2) + v^2 t^2} + 1\right) dt$$

den „Yukawaterm“ des geraden Anteils der elektrischen Feldstärke.

Aus Gründen der Übersicht setzen wir

$$b = \sqrt{x_0^2 + y_0^2} \text{ und } s = \sqrt{(1-\beta^2)\, b^2 + v^2 t^2},$$

wobei s eine Funktion von t ist.

Der gerade Anteil des Yukawaterms der elektrischen Feldstärke ist daher

$$\overset{\text{ger}}{\mathfrak{E}}(\nu)_y = -\frac{e(1-\beta^2)}{\pi} a_1 \int\limits_{-\infty}^{+\infty} \frac{(\mathfrak{b} + \mathfrak{v}\,.\,t)\cos \nu t}{s^3} \,.\, e^{-\frac{a_1}{\sqrt{1-\beta^2}} s} \left(\frac{a_2 s}{\sqrt{1-\beta^2}} + 1\right) dt.$$

Das Integral wird in seine beiden Summanden zerlegt. Bei dieser Aufspaltung ergibt der zweite Summand mit dem Faktor $t\,.\cos \nu t$ bei der Integration von $-\infty$ bis $+\infty$ keinen Beitrag. Es verbleibt:

$$\overset{\text{ger}}{\mathfrak{E}}(\nu)_y = -\frac{e(1-\beta^2)}{\pi} a_1 \,.\, \mathfrak{b} \int\limits_{-\infty}^{+\infty} \frac{e^{-\frac{a_2 s}{\sqrt{1-\beta^2}}}}{s^3} \left(\frac{a_2 s}{\sqrt{1-\beta^2}} + 1\right) \cos \nu t\, d t.$$

Wir definieren

$$J \equiv \int\limits_{-\infty}^{+\infty} \frac{e^{-\frac{a_2 s}{\sqrt{1-\beta^2}}}}{s^3} \left(\frac{a_2 s}{\sqrt{1-\beta^2}} + 1\right) \cos \nu t\, d t$$

und behaupten:

$$J\,.\,F = \frac{d}{d b}\left(\int\limits_{-\infty}^{+\infty} \frac{e^{-\frac{a_2 s}{\sqrt{1-\beta^2}}}}{s} \cos \nu t\, d t\right).$$

Der Beweis ist einfach durchzuführen und ergibt für

$$F = -(1-\beta^2)\, b.$$

Wir setzen

$$A \equiv \int\limits_{-\infty}^{+\infty} \frac{e^{-\frac{a_2 s}{\sqrt{1-\beta^2}}}}{s} \cos \nu t\, d t$$

und erhalten daher

$$J = -\frac{1}{(1-\beta^2)\, b} \cdot \frac{d}{d b}(A).$$

Mit diesem mathematischen Trick ist es gelungen, das etwas komplizierte Integral J auf die Berechnung des viel einfacheren Integrals A zurückzuführen. Im weiteren wird A mit den bereits bekannten Abkürzungen γ und $\varkappa$ berechnet.

$$s = \sqrt{(1-\beta^2)\,b^2 + v^2 t^2} = v\varkappa\sqrt{1+\frac{t^2}{\varkappa^2}}$$

$$A = \int\limits_{-\infty}^{+\infty} \frac{e^{-a_2 b\sqrt{1+\frac{t^2}{\varkappa^2}}}}{v\varkappa\sqrt{1+\frac{t^2}{\varkappa^2}}}\cos\nu t\, d t.$$

Wir setzen $\dfrac{t}{\varkappa} = u$

und schreiben den Cosinus als e-Potenz

$$A = \frac{1}{v}\int\limits_{-\infty}^{+\infty} \frac{e^{-a_2 b\sqrt{1+u^2}}}{\sqrt{1+u^2}}\cdot e^{i\nu\varkappa u}\, d u.$$

Wir definieren weiters

$$u \equiv \mathfrak{Sin}\, x,$$

dann ist

$$A = \frac{1}{v}\int\limits_{-\infty}^{+\infty} e^{-a_2 b\left(\mathfrak{Cof}\, x - \frac{i\nu\varkappa}{a_2 b}\mathfrak{Sin}\, x\right)}\, d x.$$

Bezeichnen wir mit der Phasenverschiebung ϑ

$$\mathfrak{Tg}\,\vartheta = \frac{i\nu\varkappa}{a_2 b} = \frac{i\nu}{a_2 v\gamma} \qquad \text{bzw.} \quad \mathfrak{Cof}\,\vartheta = \frac{a_2 v\gamma}{\sqrt{a_2^2 v^2\gamma^2 + \nu^2}}.$$

Daher können wir schreiben

$$A = \frac{1}{v}\int\limits_{-\infty}^{+\infty} e^{-\frac{a_2 b}{\mathfrak{Cof}\,\vartheta}(\mathfrak{Cof}\, x\,\mathfrak{Cof}\,\vartheta - \mathfrak{Sin}\, x\,\mathfrak{Sin}\,\vartheta)}\, d x$$

$$A = \frac{1}{v}\int\limits_{-\infty}^{+\infty} e^{-\frac{b}{v\gamma}\sqrt{a_2^2 v^2\gamma^2 + \nu^2}\,\mathfrak{Cof}\,(x-\vartheta)}\, d x \quad \text{und mit} \quad \rho \equiv \frac{b}{v\gamma}\sqrt{a_2^2 v^2\gamma^2 + \nu^2}$$

ist A bis auf einen Faktor wiederum die Integraldarstellung der Hankelfunktionen mit rein imaginären Argument. Siehe [6] und [7].

$$A = \frac{i}{v}\pi \,.\, H_0^{(1)}(i\rho).$$

Mit diesem Ergebnis erhalten wir

$$J = -\frac{1}{(1-\beta^2)\, b} \cdot \frac{d}{d\, b}\left\{\frac{i}{v}\pi H_0^{(1)}(i\rho)\right\}$$

und nach der Differentiation (siehe [6])

$$J = -\frac{\pi}{(1-\beta^2)\, b\, v^2\gamma}\sqrt{a_2^2 v^2 \gamma^2 + \nu^2}\, H_1^{(1)}(i\rho).$$

Damit ist der Yukawaterm für den geraden Anteil der elektrischen Feldstärke

$$\overset{\text{ger}}{\mathfrak{E}}(\nu)_y = \frac{e\, a_1}{v^2\gamma}\frac{\mathfrak{b}}{b}\sqrt{a_2^2 v^2\gamma^2 + \nu^2}\, H_1^{(1)}(i\rho). \tag{14}$$

Aus formalen Gründen bezeichnen wir mit $\sqrt{a_2^2 v^2 \gamma^2 + \nu^2} = \zeta$ und nennen, da dieser Ausdruck vom Yukawateil herrührt und die Dimension $[\zeta] = \text{sek}^{-1}$ hat, ζ gleich die „Yukawafrequenz". Damit wird der gerade Anteil der elektrischen Feldstärke

$$\overset{\text{ger}}{\mathfrak{E}}(\nu) = -\frac{e}{v^2\gamma}\cdot\frac{\mathfrak{b}}{b}\left\{\nu H_1^{(1)}(i z) - (a_1 \zeta H_1^{(1)}(i\rho)\right\}. \tag{15}$$

Auf dieselbe Art können wir den ungeraden Teil der fouriertransformierten elektrischen Feldstärke berechnen. Dabei zeigt sich, daß der ungerade Anteil der elektrischen Feldstärke um den Faktor $\frac{1}{v\gamma}$ kleiner ist als der gerade Anteil. Nach unseren Anfangsbedingungen (1) ist aber $v \approx c$ und $\gamma \gg 1$. Es ist daher zulässig, den ungeraden Anteil der elektrischen Feldstärke gegenüber dem geraden Anteil zu vernachlässigen.

Die Berechnung der fouriertransformierten magnetischen Feldstärke erfolgt analog der elektrischen Feldstärke. Es treten bei der Berechnung dieselben Integrale auf, so daß das Ergebnis gleich hingeschrieben werden kann.

$$\mathfrak{H}(\nu) = -\frac{e\,[\mathfrak{v}, \mathfrak{b}]}{c\, v^2\gamma\, b}\left\{\nu H_1^{(1)}(i z) - a_1 \zeta H_1^{(1)}(i\rho)\right\}. \tag{16}$$

Hier läßt sich wieder ein einfacher Zusammenhang zwischen den fouriertransformierten Feldstärken finden.

$$\mathfrak{H}(\nu) = \frac{1}{c}\left[\mathfrak{v}, \overset{\text{ger}}{\mathfrak{E}}(\nu)\right]. \tag{17}$$

Der nächste Schritt in unserer Methode ist die Berechnung der Energiedichte. In der z-Richtung ist:

$$\int_{-\infty}^{+\infty} S_z\, d t = \int_0^{\infty} p(\nu)\, \hbar\, \nu\, d\nu = \frac{c}{4}\int_0^{\infty} \left[\overset{\text{ger}}{\mathfrak{E}}(\nu), \mathfrak{H}(\nu)\right]_z d\nu. \tag{18}$$

Daraus finden wir die Anzahl der Photonen $p_{(\nu)} d\nu$, welche mit einer Frequenz zwischen ν und $\nu + d\nu$ im Abstand $\mathfrak{b}$ durch die Einheitsfläche hindurchgehen. Da $\mathfrak{b} \perp \mathfrak{v}$ ist, erhalten wir

$$p_{(\nu)}\, d\nu = \frac{e^2}{4\, v^3\, \gamma\, \hbar\, \nu} \left\{\nu\, H_1^{(1)}(i\, z) - a_1\, \zeta\, H_1^{(1)}(i\, \rho)\right\}^2. \tag{19}$$

Nachdem zwei Frequenzen auftreten, nämlich die Coulombfrequenz ν und die Yukawafrequenz ζ und das physikalische Verhalten vom Anteil dieser Frequenzen abhängt (wobei wiederum die Yukawafrequenz eine Funktion der Coulombfrequenz ist), führen wir auch zwei Energien ein.

Energie der Photonen mit der Coulombfrequenz $\nu \longrightarrow k_c = \hbar\, \nu$
Energie der Photonen mit der Yukawafrequenz $\zeta \longrightarrow k_y = \hbar\, \zeta$

beziehungsweise

$$k_y = \sqrt{a_2{}^2\, v^2\, \hbar^2\, \gamma^2 + k_c{}^2}.$$

Berücksichtigen wir noch den Näherungsgesichtspunkt (1) und setzen $v = c$, so erhalten wir:

$$\zeta = \sqrt{a_2{}^2\, c^2\, \gamma^2 + \nu^2}, \qquad k_y = \sqrt{a_2{}^2\, c^2\, \hbar^2\, \gamma^2 + k_c{}^2}. \tag{20}$$

Die Integration der Einzelstöße über die gesamte, senkrecht zur z-Achse stehenden Fläche ist die nächste Aufgabe. Diese Integration darf sich aber nicht von Unendlich bis $\mathfrak{b} = 0$ erstrecken, die Quantentheorie setzt hier Grenzen. Das Teilchen stellt ein Wellenpaket dar, dessen seitliche Ausdehnung berücksichtigt werden muß. Aus der Unschärferelation folgt, daß die seitliche Ausdehnung von der Größenordnung der Comptonwellenlänge ist. Wir integrieren daher von Unendlich bis zu einem $b_{\min}$, wobei

$$b_{\min} = \frac{\hbar}{m\,c}\,a_3, \tag{21}$$

a_3 = Strukturkonstante des Wellenpaketes von der Größenordnung 1. Ist das Teilchen z. B. ein Elektron, so wird der Selbstenergieterm des Elektrons dadurch ausgeschlossen.

Durch die Integration bekommen wir die Anzahl der virtuellen Photonen. Wir müssen noch präzisieren: $q_{(k)}\,d\,k$ ist die Anzahl der virtuellen „Coulombphotonen". Um diesem Umstand Rechnung zu tragen, versehen wir diese Größe mit dem Index c.

$$q\,(k_c)\,d\,k_c = 2\,\pi \int\limits_{b_{\min}}^{\infty} p_{(\nu)}\,d\,\nu\,.\,b\,d\,b. \tag{22}$$

Da $\nu = \frac{k_c}{\hbar}$ und $\zeta = \frac{k_y}{\hbar}$ ist, wird

$$q\,(k_c)\,d\,k_c = 2\,\pi \int\limits_{b_{\min}}^{\infty} \frac{e^2\,b\,\hbar}{4\,c^3\,\gamma^2\,\hbar\,k_c} \cdot \frac{d\,k_c}{\hbar} \left\{ \frac{k_c}{\hbar}\,H_1^{(1)}\,(i\,z) - a_1\,\frac{k_y}{\hbar}\,H_1^{(1)}\,(i\,\rho) \right\}^2 d\,b$$

Die geschweifte Klammer wird quadriert und der ganze Ausdruck in seine Einzelintegrale zerlegt:

$$q\,(k_c)\,d\,k_c = \frac{\pi\,e^2}{2\,c^3\,\gamma^2\,\hbar^3} \cdot \frac{d\,k_c}{\hbar} \left\{ k_c^2 \int\limits_{b_{\min}}^{\infty} [H_1^{(1)}\,(i\,z)]^2\,b\,d\,b \,- \right.$$

$$\left. -\,2\,a_1\,k_c\,k_y \int\limits_{b_{\min}}^{\infty} H_1^{(1)}\,(i\,z)\,H_1^{(1)}\,(i\,\rho)\,b\,d\,b + a_1^2\,k_y^2 \int\limits_{b_{\min}}^{\infty} [H_1^{(1)}\,(i\,\rho)]^2\,b\,d\,b \right\}.$$

Berechnung der Einzelintegrale. Darstellungen dieser Integrale finden wir in [6]. Generell wird $v = c$ gesetzt.

$$z = \frac{b\,\nu}{c\,\gamma} \quad \text{und} \quad z_m = \frac{b_{\min}\cdot\nu}{c\,\gamma} = a_3\,\frac{k_c}{E}$$

$$\int\limits_{b_{\min}}^{\infty} [H_1^{(1)}\,(i\,z)]^2\,b\,d\,b = \frac{c^2\,\gamma^2}{\nu^2} \int\limits_{z_m}^{\infty} z\,[H_1^{(1)}\,(i\,z)]^2\,d\,z.$$

Nach [6] ist

$$\int z\,[H_1^{(1)}(i\,z)]^2\,d\,z = \frac{z^2}{2}\left\{[H_1^{(1)}(i\,z)]^2 - H_0^{(1)}(i\,z)\,H_2^{(1)}(i\,z)\right\}$$

und

$$H_0^{(1)}(i\,z) + H_2^{(1)}(i\,z) = \frac{2}{i\,z}\,H_1^{(1)}(iz),$$

so daß

$$\int\limits_{b_{\min}}^{\infty}[H_1^{(1)}(i\,z)]^2\,b\,d\,b = \frac{c^2\,\gamma^2}{\nu^2}\left\{\frac{z^2}{2}\,[H_1^{(1)}(i\,z)\,]^2 + [H_0^{(1)}(i\,z)]^2 + \right.$$
$$\left.+\,i\,z\,H_0^{(1)}(i\,z)\,H_1^{(1)}(i\,z)\right\}\Bigg|_{z_m}^{\infty}.$$

Für die obere Grenze, also $z = \infty$ ist der Ausdruck in der geschweiften Klammer gleich null. Der Wert des Integrals ist daher nur abhängig von der unteren Grenze z_m:

$$\int\limits_{b_{\min}}^{\infty}[H_1^{(1)}(i\,z)]^2\,b\,d\,b = -\frac{c^2\,\gamma^2\,\hbar^2}{k_c^2}\left\{\frac{z_m^2}{2}\left([H_1^{(1)}(i\,z_m]^2 + [H_0^{(1)}(i\,z\,_m]^2\right) + \right.$$
$$\left.+\,i\,z_m\,H_0^{(1)}(i\,z_m)\,H_1^{(1)}(i\,z_m)\right\}.$$

Das Integral

$$\int\limits_{b_{\min}}^{\infty}[H_1^{(1)}(i\,\rho)]^2\,b\,d\,b$$

mit

$$\rho = \frac{b\,\zeta}{c\,\gamma} \text{ und } \rho_m = \frac{b_{\min}\,\zeta}{c\,\gamma} = a_3\,\frac{k_y}{E}$$

berechnen wir analog dem ersten Integral und erhalten:

$$\int\limits_{b_{\min}}^{\infty}[H_1^{(1)}(i\,\rho)]^2\,b\,d\,b = -\frac{c^2\,\gamma^2\,\hbar^2}{k_y^2}\left\{\frac{\rho_m^2}{2}\left([H_1^{(1)}(i\,\rho_m)]^2 + [H_0^{(1)}(i\,\rho_m)]^2\right) + \right.$$
$$\left.+\,i\,\rho_m\,H_0^{(1)}(i\,\rho_m)\,H_1^{(1)}(i\,\rho_m)\right\}.$$

Das Integral

$$\int_{b_{\min}}^{\infty} H_1^{(1)}(i z)\, H_1^{(1)}(i \rho)\, b\, d b$$

mit

$$i z = \frac{i \nu}{c \gamma} b$$

$$i \rho = \frac{i \zeta}{c \gamma} b.$$

Sind Z_p und $\overline{Z}_p$ zwei verschiedene Zylinderfunktionen, so gilt nach [6]

$$\int x\, Z_p(\alpha x)\, \overline{Z}_p(\beta x)\, d x = \frac{\beta x\, Z_p(\alpha x)\, \overline{Z}_{p-1}(\beta x) - \alpha x\, Z_{p-1}(\alpha x)\, \overline{Z}_p(\beta x)}{\alpha^2 - \beta^2}.$$

Dabei ist für unseren Fall

$$Z_p(\alpha x) = H_1^{(1)}\left(\frac{i \nu}{c \gamma} b\right) \qquad \alpha = \frac{i \nu}{c \gamma}$$

bzw. und $x = b$ zu setzen.

$$\overline{Z}_p(\beta x) = H_1^{(1)}\left(\frac{i \zeta}{c \gamma} b\right) \qquad \beta = \frac{i \zeta}{c \gamma}.$$

Wir erhalten

$$\int_{b_{\min}}^{\infty} H_1^{(1)}(i z)\, H_1^{(1)}(i \rho)\, b\, d b =$$

$$= \left. \frac{\frac{i \zeta}{c \gamma} b\, H_1^{(1)}(i z)\, H_0^{(1)}(i \rho) - \frac{i \nu}{c \gamma} b\, H_0^{(1)}(i z)\, H_1^{(1)}(i \rho)}{-\frac{\nu^2}{c^2 \gamma^2} + \frac{\zeta^2}{c^2 \gamma^2}} \right|_{b_{\min}}^{\infty}.$$

An der oberen Grenze ist der Wert des Integrals null. Mit $\nu = \frac{k_c}{\hbar}$ und $\zeta = \frac{k_y}{\hbar}$ ist

$$\int_{b_{\min}}^{\infty} H_1^{(1)}(i z)\, H_1^{(1)}(i \rho)\, b\, d b =$$

$$-\frac{i a_3 \gamma \hbar^2}{m (k_y^2 - k_c^2)} \left\{ k_y\, H_1^{(1)}(i z_m)\, H_0^{(1)}(i \rho_m) - k_c\, H_0^{(1)}(i z_m)\, H_1^{(1)}(i \rho_m) \right\}.$$

Mit diesen Ergebnissen können wir jetzt die Anzahl der virtuellen „Coulombphotonen" berechnen.

$$q(k_c)\,d\,k_c = \frac{e^2\pi}{2c\hbar}\cdot\frac{d\,k_c}{k_c}\cdot\Big\{-\frac{z_m^2}{2}\left([H_1^{(1)}(i\,z_m)]^2 + [H_0^{(1)}(i\,z_m)]^2\right) -$$

$$i\,z_m H_0^{(1)}(i\,z_m)\,H_1^{(1)}(i\,z_m) + \frac{2\,i\,a_1 a_3}{E}\cdot\frac{k_c k_y}{(k_y^2 - k_c^2)}\,[k_y\,.\,H_1^{(1)}(i\,z_m)\,H_0^{(1)}(i\,\rho_m)$$

$$-\,k_c H_0^{(1)}(i\,z_m)\,H_1^{(1)}(i\,\rho_m)] - \frac{a_1^2\rho_m^2}{2}\left([H_1^{(1)}(i\,\rho_m)]^2 + [H_0^{(1)}(i\,\rho_m)]^2\right) -$$

$$-\,i\,a_1^2\,\rho_m\,H_0^{(1)}(i\,\rho_m)\,H_1^{(1)}(i\,\rho_m)\Big\}$$

wobei

a_1 = Gewichtsanteil des Yukawapotentials
a_2 = Reziproke Reichweite des Yukawapotentials
a_3 = Strukturkonstante des Wellenpaketes (Größenordnung 1)

(23) ist bis auf die Näherung $v = c$, der exakte Ausdruck für die Anzahl der virtuellen Coulombphotonen. Im weiteren stößt die Berechnung der Hankelfunktionen jedoch auf Schwierigkeiten. Für diese Funktionen gibt es nur konvergente Reihenentwicklungen entweder für großes oder für kleines Argument.

Die Argumente der Hankelfunktionen sind:

$$z_m = \frac{k_c}{E}\,a_3 \text{ und } \rho_m = \frac{k_y}{E}\,a_3.$$

E ist, das war ja unser Näherungsgesichtspunkt für den Ersatz der Geschwindigkeit v durch die Lichtgeschwindigkeit c, groß. k_c ist die Energie der virtuellen Coulombphotonen. Bei der harmonischen Zerlegung des Feldes haben wir gefunden, daß alle Frequenzen ν bzw. damit alle Energien, einschließlich der höchsten, vorkommen. Ein Teilchen mit der Geschwindigkeit v kann aber durch Stoß nur Erscheinungen verursachen, für die eine Energie kleiner als seine kinetische Energie nötig ist. Man ist daher anzunehmen genötigt, daß alle Frequenzen, deren Quantum größer als die kinetische Energie des Teilchens ist, keine Wirkung haben können, da die nötige Energie fehlt, um ein ganzes Quantum zu liefern. Siehe [1]. z_m kann daher höchstens gleich

1 werden. Hier gibt es nach [6] nur die Möglichkeit, eine asymptotische Reihenentwicklung für $z_m \ll 1$ zu verwenden.

$z_m \ll 1$ erfordert aber die einschneidende Bedingung $k_c \ll E$, welche bereits in der Formel (1) gefordert wurde.

Für kleine Argumente der Hankelfunktionen ist nach [6]:

Argument: $0 < y \ll 1$ $\qquad \gamma$ = Euler-Mascheronische Konstante

bzw. $ln \frac{2}{\gamma} = 0{,}115931$

$$i H_0^{(1)}(i y) \approx \frac{2}{\pi} l n \frac{2}{y \gamma}$$

$$i^{n+1} H_n^{(1)}(i y) \approx \frac{(n-1)!}{\pi} \left(\frac{2}{y}\right)^n, n \neq 0.$$

Für die Hankelfunktionen mit dem Argument ρ_m liegt der Fall umgekehrt. Die Reichweite des Yukawapotentials wird in der Größenordnung von 1 Fermi angenommen, d. h. a_2 hat die Größenordnung von 10^{14} cm^{-1}. Dadurch wird die Energie k_y wesentlich größer als die erreichbare Energie des einlaufenden Teilchens. Das Argument der Hankelfunktionen ρ_m ist groß und wir können aus [8] die asymptotische Reihenentwicklung für große Argumente entnehmen. Es ist für $|\rho| \gg |\mu|$ und $|\rho| \gg 1$

$$H_\mu^{(1)}(\rho) = \sqrt{\frac{2}{\pi \rho}} \cdot e^{i\left(\rho - \frac{\mu \pi}{2} - \frac{\pi}{4}\right)} \left[\sum_{m=0}^{M-1} \frac{(\mu, m)}{(-2 i \rho)^m} + O\,|\rho|^{-M}\right]$$

mit $m = 1, 2, 3$, wobei

$$(\mu, m) = \frac{[4\mu^2 - 1^2]\,[4\mu^2 - 3^2] \ldots [4\mu^2 - (2m-1)^2]}{2^{2m} \,.\, m!} \quad \text{und} \quad (\mu, 0) \equiv 1.$$

Setzen wir unsere Werte für das Argument ein, so zeigen die Hankelfunktionen folgendes Aussehen:

$$H_0^{(1)}(i z_m) = -\frac{2 i}{\pi}\left(0{,}115931 + l n \frac{E}{k_c a_3}\right)$$

$$H_1^{(1)}(i z_m) = -\frac{2 E}{\pi k_c a_3}$$

$$H_0^{(1)}(i\,\rho_m) = -i\sqrt{\frac{2\pi E}{k_y \cdot a_3}} \cdot e^{-\frac{a_3 k_y}{E}}$$

$$H_1^{(1)}(i\,\rho_m) = -\sqrt{\frac{2\pi E}{k_y\, a_3}} \cdot e^{-\frac{a_3 k_y}{E}}$$

Eingesetzt in (23) können wir mit diesen Ausdrücken für die Hankelfunktionen die Anzahl der virtuellen Coulombphotonen $q\,(k_c)\,d\,k_c$ berechnen. Werden Ausdrücke von der Größenordnung $\left(\frac{k_c}{E}\right)^2$ vernachlässigt ($k_c \ll E$ ist ja eine Näherungsbedingung), so erhalten wir schließlich

$$q\,(k_c)\,d\,k_c = \frac{e^2}{c\,\hbar}\frac{d\,k_c}{k_c}\left\{\frac{2}{\pi}\left(l\,n\,\frac{E}{k_c\,a_1} - 0{,}385\right) - \right.$$

$$- \frac{2\,a_1\,e^{-\frac{a_3 k_y}{E}}}{k_y^2 - k_c^2}\sqrt{\frac{2\pi}{E\,a_3\,k_y}} \cdot k_y\left[E\,k_y - a_3\,k_c^2\left(0{,}115931 + l\,n\,\frac{E}{k_c\,a_3}\right)\right] +$$

$$\left. + \pi^2 a_1^2\, e^{-\frac{2 a_3 k_y}{E}}\right\}. \tag{24}$$

Die Bedingungen für die Gültigkeit der obigen Formel sind

$$k_c \ll E \text{ und } k_y \gg E$$

Diese Bedingungen tragen aber in sich, daß auch $k_y \gg k_c$ erfüllt ist. Wir können unser Ergebnis daher noch weiter vereinfachen und erhalten für die Anzahl der virtuellen Coulombphotonen:

$$q\,(k_c)\,d\,k_c = \frac{e^2}{c\,\hbar}\frac{d\,k_c}{k_c}\left\{\frac{2}{\pi}\left(l\,n\,\frac{E}{k_c\,a_3} - 0{,}385\right) - 2\,a_1 \cdot e^{-\frac{a_3 k_y}{E}}\sqrt{\frac{2\pi E}{k_y\,a_3}}\right\}. \tag{25}$$

Der erste Summand in der geschweiften Klammer entspricht der Punktladung und ist äquivalent dem Ergebnis, welches Heitler [4] errechnet hat. Der zweite Summand entspricht der Raumladung und ist daher jener Term, welcher der räumlichen Ausdehnung des Teilchens Rechnung trägt. Der Anteil der „Struktur" kommt hier zur Geltung.

Mit Hilfe der Weizsäcker-Williams-Methode ist es möglich, explizit den Anteil einer bestimmten räumlichen Ladungsverteilung eines Teilchens, also seine Struktur, in die weiteren Berechnungen für den

Wirkungsquerschnitt einzubauen. Diese Methode ersetzt näherungsweise das Teilchen durch sein Feld und rechnet dieses Feld in äquivalente virtuelle Photonen um. Der Ersatz des Teilchens durch ein Feld enthält 4 Ungenauigkeiten:

1. Das Feld bewegt sich nicht genau mit der Lichtgeschwindigkeit.
2. Das bewegte Feld ist nicht streng transversal.
3. Die elektrische und die magnetische Feldstärke sind im bewegten Feld nicht genau gleich groß.
4. Das bewegte Feld variiert auch innerhalb des vom Teilchen eingenommenen Raumgebietes noch senkrecht zur Bewegungsrichtung.

Die vierte Ungenauigkeit hängt vom Stoßabstand ab. Da das Wellenpaket aus Gründen der Unschärferelation mindestens die Breite der Comptonwellenlänge haben muß, wird die Integration unter Ausschluß der Größe des Wellenpaketes vorgenommen.

Es läßt sich zeigen, daß die Ungenauigkeiten in der Größenordnung von $\frac{m}{E}$ liegen und daher unsere Methode bis auf Fehler dieser Größenordnung die richtigen Ergebnisse liefert. Wesentlich ist also die Bedingung: die Energie des schnellen Teilchens muß groß gegenüber der Masse des Teilchesn sein.

Die Weizsäcker-Williams-Methode ermöglicht die Berechnung der Bremsstrahlung von geladenen Teilchen. Dabei wird der Comptoneffekt herangezogen. Die virtuellen Photonen werden im weiteren Rechnungsverlauf als reelle Photonen betrachtet. Der Wirkungsquerschnitt für die Bremsstrahlung ist dann gleich dem Wirkungsquerschnitt für die Streuung der Photonen (einige Autoren bezeichnen ihn als „virtuellen Comptoneffekt"), multipliziert mit der Anzahl der virtuellen Photonen, wobei über die Energie der einlaufenden Photonen integriert wird [9].

Die bei der Streuung von geladenen Teilchen auftretende Bremsstrahlung, also die entstehenden auslaufenden Photonen werden durch die Weizsäcker-Williams-Methode bereits vor dem eigentlichen Streuvorgang eingebaut. Das Einbeziehen der Ladung des einlaufenden Teilchens ist verbunden mit dem Auftreten von longitudinalen Photonen neben den transversalen Photonen und wurde bereits von verschiedenen Autoren [10], [11] versucht. Weiters kann man den ein- bzw. auslaufenden Photonen neben der Ladung auch noch eine Masse (entsprechend der Reichweite des Yukawapotentials) mitgeben. Auch die Äquivalenz der halbklassischen Weizsäcker-Williams-Methode mit feldphysikalischen Ansätzen ist durchgerechnet worden [12], und Arbeiten in dieser Richtung sind in unserem Institut in Vorbereitung.

Literatur

[1] Fermi, E.: Zeitschrift für Physik **29**, 315 (1924).

[2] Weizsäcker, C. F. v.: Zeitschrift für Physik **88**, 612 (1934).

[3] Williams, E. J.: Kgl. Dansk. Vid. Selsk. **13/4** (1935).

[4] Heitler, W.: The Quantum Theory of Radiation (Oxford University Press — Londong 3. Aufl. 1960).

[5] Vachaspati: Phys. Rev. **93**, 502 (1954).

[6] Jahnke u. Emde: Funktionentafeln (2. Aufl.).

[7] Sommerfeld, A.: Partielle Differentialgleichungen der Physik (Akademische Verlagsgesellschaft Leipzig, 4. Aufl. 1958).

[8] Magnus, W., u. F. Oberhettinger: Formel und Sätze für die speziellen Funktionen der mathematischen Physik, 2. Aufl. 1948).

[9] Logar, K., u. P. Urban: Annalen der Physik (im Erscheinen).

[10] Curtis, R. B.: Phys. Rev. **104**, 211 (1956).

[11] Dalitz, R. H., u. Yennie D. R.: Phys. Rev. **105**, 1599 (1957).

[12] Kessler, P: Nuovo Cimento XVII/6, 810 (1960).

Hawliczek F.: Über die Verwendung des Elektrokardiographen als Registriergerät in der Radiokardiographie (mit 3 Abbildungen), MIR Nr. 486, 4 Seiten. S 4.—

Hießberger F. und Karlik Berta: Weitere Untersuchungen über das Astatisotop 218 (mit 7 Abbildungen), MIR Nr. 487, 13 Seiten. S 8.30

Lang K.: Die spektrale Energieverteilung einer Neonlinie bei verschiedenen Entladungsbedingungen (mit 7 Abbildungen) 22 Seiten. S 13.80

Schneider W. und Matitsch T.: Eine photographische Methode zur quantitativen Bestimmung von Actinium (mit 3 Abbildungen), MIR Nr. 488, 19 Seiten. S 6.30

Tungl E.: Anschluß von Stäben mit ⊏-Querschnitt (mit 3 Abbildungen), 9 Seiten. S 10.60

Wänke H.: Ein elektronisch-optisches Verfahren zur Aufzeichnung der Amplitudenverteilung elektrischer Impulse (mit 16 Abbildungen), MIR Nr. 489, 22 Seiten. S 13.50

Weinzierl P.: Herstellung linearer Ra*DE*-Präparate aus hochgereinigter Radiumemanation (mit 2 Abbildungen), MIR Nr. 493, 12 Seiten. S 9.—

1953 (S II a, Bd. 162):

Blöch R.: Die Bildung von Oberflächenkristallen auf Alkalihalogeniden, Fluorit und Kalzit bei Bestrahlung mit Polonium (mit 4 Abbildungen), MIR Nr. 494. S 8.20

Drexler O.: Die Farbzentrenausbeute in Steinsalz für β-Strahlen mittlerer Energie (mit 8 Abbildungen), MIR Nr. 498. S 12.—

Herglotz H.: Zur sekundären Erregung des Chrom-$K\alpha_2$-Satelliten (mit 11 Abbildungen) S 12.80

Pohl E.: Ein neues Emanometer für Präzisionsmessungen mit vielseitiger Verwendungsmöglichkeit (mit 5 Abbildungen). Mitteilung aus dem Forschungsinstitut Gastein Nr. 88. S 12.40

Przibram K.: Über die Farb-Bänderung des Fluorits (mit 3 Abbildungen), MIR Nr. 497. S 10.90

Tomiser J.: Analyse von Sulfonamidgemischen mit Hilfe des Ramaneffektes (mit 9 Abbildungen). S 14.60

Tomiser J.: Ramanspektren von Sulfonamiden (mit 21 Abbildungen). S 47.20

Treitl K.: Über die Verfärbung von NaCl, KCl und CaF_2 mit Kathodenstrahlen (mit 8 Abbildungen), MIR Nr. 500. S 8.90

1954 (S II, Bd. 163):

Glaser W.: Licht und Materie in einheitlicher Deutung. S 52.—

Pohl E. und Pohl Rüling Johanna: Radioaktive Luftmessungen im Raum von Badgastein und Böckstein (mit 4 Abbildungen). S 14.80

Pohl-Rüling Johanna: Über die Durchlässigkeit von Gummi und Plastikstoffen für Radium-Emmanation (mit 1 Abbildung). S 4.—

Pohl-Rüling Johanna und Pohl E.: Neue Bestimmungen des Radium- und Radongehaltes einiger Austritte der Gasteiner Therme. S 5.—

Przibram K.: Über die Verteilung von Farbzentren und anderen Störungen in natürlichen Steinsalzkristallen (mit 5 Abbildungen) MIR Nr. 503. S 6.60

Schmid E. und Lintner K.: Über die Bedeutung eines Bombardements mit Korpuskularstrahlen für die Plastizität von Metallkristallen (mit 5 Abbildungen). S 12.—

1955 (S II, Bd. 164):

Blaha F.: Einige Wachstumsformen von Cd-Kristallen (mit 10 Abbildungen). S 9.—

Hawliczek F: Stabilisierte Impulshochspannungsgeneratoren zum Betrieb von Geiger-Müller-Zählern und Szintillationszählern (mit 7 Abbildungen), MIR Nr. 508. S 13.40

Koller K.: Der Atomkern als Elektronenkristall (mit 2 Abbildungen). S 18.—

Koller K.: Der Atomkern als Elektronenkristall, II. Mitteilung (mit 3 Abbildungen). S 10.—

Matiasek Christine: Untersuchungen des Spektrums der Konversionselektronen von Actinium X mit der photographischen Methode (mit 3 Abbildungen), MIR Nr. 511. S 7.90

Matitsch T.: Weitere Versuche zur Entschleierung von β-empfindlichen Emulsionen, MIR Nr. 513. S 4.90

Polak A.: Messungen der elektrischen Leitfähigkeit der Luft in Badgastein. S 16.70

Schedling J. A. und Wein J.: Differentialthermoanalytische Untersuchungen an $CaSO_4 . 2 H_2O$ und seinen durch Entwässerung entstehenden Folgeprodukten (mit 6 Abbildungen). S 13.—

Tisljar-Lentulis G. und Weinzierl P.: Über eine Methode zur Messung extremer Intensitätsrelationen zwischen positiven und negativen Elektronen (mit 5 Abbildungen), MIR Nr. 510. S 11.—

GPSR Compliance
The European Union's (EU) General Product Safety Regulation (GPSR) is a set of rules that requires consumer products to be safe and our obligations to ensure this.

If you have any concerns about our products, you can contact us on

ProductSafety@springernature.com

In case Publisher is established outside the EU, the EU authorized representative is:

Springer Nature Customer Service Center GmbH
Europaplatz 3
69115 Heidelberg, Germany

www.ingramcontent.com/pod-product-compliance
Ingram Content Group UK Ltd.
Pitfield, Milton Keynes, MK11 3LW, UK
UKHW021928190726
13853UKWH00002B/918

* 9 7 8 3 6 6 2 2 3 9 1 3 1 *